Bibliografische Information der Deutschen Nationalbibliothek:

Die Deutsche Bibliothek verzeichnet diese Publikation in der Deutschen National-
bibliografie; detaillierte bibliografische Daten sind im Internet über http://dnb.d-
nb.de/ abrufbar.

Impressum:

Copyright © 2011 GRIN Verlag, Open Publishing GmbH
Druck und Bindung: Books on Demand GmbH, Norderstedt Germany
ISBN: 9783668275836

Dieses Buch bei GRIN:

http://www.grin.com/de/e-book/337839/analyse-der-wasserhaerte-in-bezug-auf-
die-geomorphologische-entwicklung

Manuel Langer

Aus der Reihe: e-fellows.net stipendiaten-wissen

e-fellows.net (Hrsg.)

Band 2067

Analyse der Wasserhärte in Bezug auf die geomorphologische Entwicklung

GRIN Verlag

Gymnasium Feuchtwangen

Kollegstufenjahrgang 2009/2011
Leistungskurs Chemie

Facharbeit

Thema: Analyse von Wasserhärte in Bezug auf die
geomorphologische Entwicklung

Verfasser: Manuel Langer

Inhaltsverzeichnis

1 Allgemeine Informationen zur Wasserhärte

1.1 Einleitung und Definition

Jedes Kind ist mit dem Element Wasser vertraut. Es hat mit viele charakteristische und einzigartige Eigenschaften. Es bedeckt die Erdoberfläche zu 71%[1], was der Erde seinen, allgemein bekannten, Namen „Blauer Planet" verschafft. Auch entstammen die ersten Lebensformen den Meeren. Zusätzlich hat „[der] Mensch (...) das Wasser für viele Zwecke nöthig"[2], denn es ist großer Bestandteil des menschlichen Körpers und ist unter anderem für den Nährstofftransport, Aufbau von Organen und Kühlung des Körpers durch Schwitzen unabkömmlich. Aufgrund der Teilnahme an wichtigen biochemischen Prozessen ist es nötig, dass das, dem Körper zugeführte Wasser rein und mit möglichst wenig schädlichen Stoffen versehen ist. Deswegen schaffen diese Umstände Anreiz diese Flüssigkeit näher zu betrachten und sich die stets darin gelösten Verbindungen näher anzusehen, mit einem Fokus auf die Erdalkali-Ionen, die so genannten Härtebildner. Alle diese im Wasser gelösten Ionen bzw. ihre Salze stellen die Härte des Wassers dar. Dabei ist die Konzentration der Magnesium(Mg^{2+})- und Calcium(Ca^{2+})-Ionen Ausschlag gebend, denn Barium und Strontium sind nur in sehr geringen Anteilen vorhanden. Dabei steht eine geringe Konzentration der Ionen für ein weiches Wasser, welches für den menschlichen Organismus besser verträglich ist und auch in Haushaltsgeräten weniger Spuren hinterlässt. Eine hohe Konzentration steht im Gegenzug für hartes Wasser, welches für den menschlichen Organismus weniger gut ist und auch bei den Haushaltsgeräten zu schnelleren und stärken Kalkablagerungen führt, wenn die Ionen sich ablagern. Der Begriff der Härte des Wassers muss noch etwas feiner gegliedert werden, denn „[d]iese selbst unterscheidet man gewöhnlich in G e s a m t h ä r t e, d. i. die Härte, welche das frisch geschöpfte Wasser zeigt, und in p e r m a n e n t e Härte, diejenige, welche sich noch im gekochten Wasser zeigt; die Differenz beider pflegt man als v o r ü b e r g e h e n d e H ä r t e zu bezeichnen."[3] Dies liegt daran, dass die vorübergehende Härte, auch

---

[1] vgl. quality Datenbank Klaus Gebhardt e.K., 2004
[2] Eisenstaed, 1889, S.5
[3] Eisenstaed, 1889, S.8

Carbonathärte genannt, von Carbonaten und Hydrogencarbonaten des Magnesiums und Calciums abhängen, die nur in kohlensäurehaltigem Wasser gelöst sind und diese Kohlensäure beim Kochen restlos verschwindet. Dadurch werden die Carbonate gefällt, lagern sich ab und entfallen bei der Wasserhärte. Die permanente Härte bezieht sich auf alle anderen im Wasser gelösten Salze, wie Sulfate, Chloride und Nitrate in Verbindung mit Magnesium und Calcium, sowie anderer Erdalkalimetalle in sehr geringer Konzentration. Der Härtegrad des Wassers ist somit eine international Vergleichbare Maßeinheit für die Qualität verschiedener Gewässer.

1.2 Entstehung

Die Härte des natürlich vorkommenden Wassers hängt von der Bodenbeschaffenheit und ab. Der fallende Niederschlag trifft auf den Boden auf und durchwandert die verschiedenen Gesteinsschichten, während er versickert und zum Grundwasser wird. Beim durchlaufen der Gesteins-

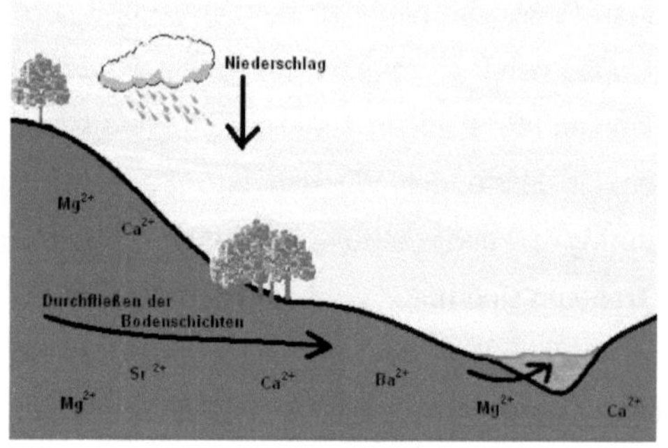

Abb.1: Entstehung der Wasserhärte

Quelle: Wiegel Martina, 2010

schichten werden „durch Salpetersäure[a] im sauren Regen oder aus der Nitrifikation[4] (bakterieller Oxidationsprozess) oder durch Kohlenstoffdioxid im Regenwasser[5] (Bildung von Kohlensäure[b])“[6] „[die] Härtebildner (Ca^{2+} und Mg^{2+})“[7] langsam herausgelöst. Diese befinden sich dann gelöst im Grundwasser und bestimmen den Härtegrad. Somit ist das Wasser in Regionen mit Basalt- und Tiefengestein (wenig lösbare Erdalkali-Ionen) weich bis mittel und in Regionen mit Kalkböden, Gipsböden ($CaCO_3$ x $2H_2O$) oder Dolomitböden

---

[4] Nitrifikatio: baktrielle Oxidation von Ammoniak zu Nitrat
[5] CO2 aus abgebautem Bodenmaterial reagiert mit H2O zu H2CO3
[6] Sommer, 2010
[7] Sommer, 2010

$(CaMg(CO3)_2)$ eher hart.[8] Die Gleichung zeigen jeweils ein Beispiel für die Entstehung permanenter und vorübergehender Härte unter Einwirkung von Salpetersäure und Kohlensäure:

a) permanente Härte: $2\ HNO_3 + CaCO_3 = H_2CO_3$[b] $+ Ca(NO_3)_2$

b) vorübergehende Härte: $H_2CO_3 + CaCO_3 = Ca(HCO_3)_2$ [9]

1.3 Auflistung verschiedener Härtegrade und Umrechnungsfaktoren

Die früher in Deutschland gebräuchliche Einheit war der deutsche Härtegrad °dH. Dabei entsprach 1 °dH = 10mg CaO pro Liter Wasser. Magnesium wird dazu in einer äquivalenten Menge von 7,19mg MgO pro Liter Wasser definiert.[10]

		1°dH	1°e	1°fH	1mmol/l
Deutscher Grad	1°dH	1	1,25	1,79	0,18
Englischer Grad	1°e	0,8	1	1,43	0.14
Französicher Grad	1°fH	0,56	0,7	1	0,1
mmol/l Erdalkali-Ionen	1mmol/l	5,6	7,02	10,0	1

Abb. 2: Umrechnungstabelle verschiedener Härtegradeinheiten

Quelle: Wikipedia, 2010

Der englische Härtegrad wird über 1 Gramm Calciumcarbonat auf 1 Gallone[11] Wasser definiert. Ein französischer Härtegrad wird simpel über den Gehalt an Calciumcarbonat berechnet.[12] Die Angabe Millimol Calciumcarbonat pro Liter ist die international einheitliche Maßangabe für den Härtegrad eines Wasser und ist seit dem 5. Mai 2007 die Gesetzlich geforderte Angabeweise. Sie ersetzt die bisherige Angabe Millimol Gesamthärte pro Liter. Im Gleichen Zug wurden die Härtebereiche angepasst und es gibt nun drei gesetzlich geregelte Bereiche:

- weich: weniger als 1,5 mmol/l Calciumcarbonat (= bis 8,4 °dH)

---

[8] vgl. Sommer, 2010
[9] vgl. Douglas, 1968
[10] vgl. Wikipedia: Wasserhärte, 2010
[11] 1 britische Gallone sind ca. 4,55l
[12] vgl. Eisenstaedt, 1889, S.9

- mittel: 1,5 – 2,5 mmol/l Calciumcarbonat (= 8,4 bis 14°dH)

- hart: mehr als 2,5 mmol/l Calciumcarbonat (= mehr als 14°dH) [13]

2 Bestimmung verschiedener Härtegrade über Komplextitration

2.1 Verwendete Materialien und Reagenzien

An Materialien werden ein 200-ml-Becherglas, eine Bürette mit zwei Klemmen, zwei Muffen und Stativ, ein Magnetrührer, ein Trichter und eine 1-ml-Messpipette mit Peleusball verwendet.

Die benötigten Reagenzien sind eine Titriplex-Lösung B, Indikatorpuffertabletten und konz. Ammoniaklösung, sowie die zu bestimmenden Wasserproben.

2.2 Versuchsaufbau und Durchführung

Der Versuchsaufbau, der für die titrimetrische Bestimmung von Wasserhärte von Nöten ist, ist sehr einfach. Zuerst wird ein Stativ aufgebaut und eine Bürette mit Hilfe von Klemmen an zwei Punkten fixiert (einen Oberen und einen Unteren), um diese möglichst vertikal parallel zum Stativ auszurichten. Danach wird eine Maßlösung (EDTA) unter Verwendung des Trichters in die Bürette gefüllt, bis man einen geraden Startwert erreicht hat. Danach werden genau 100ml einer zu untersuchenden Wasserprobe in das Becherglas gefüllt und eine Indikatorpuffertablette hin zu gegeben. Nach der vollständigen Auflösung derselben, gibt man genau einen Milliliter der konz. Ammoniaklösung dazu, damit die

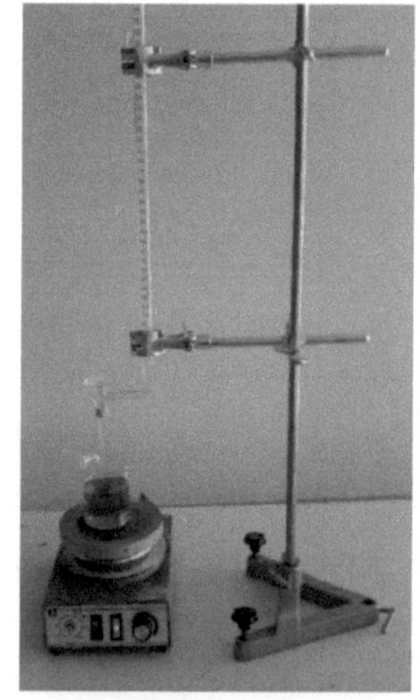

Abb. 3: Versuchsapparatur am Ende der Titration

Quelle: eigene Aufnahme

Lösung alkalisch wird. Zuletzt wird das gefüllte Becherglas auf einen eingeschal-

---

[13] vgl. DVGW, 2010

teten Magnetrührer gestellt und unter der Bürette positioniert. Nun titriert man die anfänglich rote Lösung solange tropfenweise, bis der Farbton in grün umschlägt. Dort wird die Titration gestoppt und die Differenz zwischen dem Anfangswert der Maßlösung in der Bürette und dem Endwert berechnet, welche den tatsächlichen Verbrauch angibt. Über den Verbrauch kann nun die Menge, der im Wasser enthaltenen Erdalkali-Ionen berechnet werden. In diesem Fall wurden die Mengen und Konzentrationen so gewählt, dass ein Milliliter Titriplex-Lösung B genau einem deutschen Härtegrad entspricht. Die dabei erzielten Ergebnisse sollen später aufgeführt und näher betrachtet werden.

2.3 Chemische Vorgänge bei der Titration

Zunächst sollen die die chemischen Vorgänge erläutert werden, die diese Beobachtung fundieren. Die zentrale Reaktion ist die Bildung von Komplexen. Zur näheren Erläuterung wird der Versuch in drei Phasen unterteilt:

<u>1. Phase: Zugabe der Indikatorpuffertablette und der konz. Ammoniaklösung</u>

Zu der Wasserprobe werden vor der Titration die Indikatorpuffertablette und ein Tropfen konz. Ammoniaklösung gegeben, zur Erhöhung der OH⁻ Konzentration, denn das Puffergleichgewicht liegt im alkalischen. Dies wird im nächsten Schritt näher erläutert. Der Indikator, der für diese Bestimmung setzt sich aus Eriochromschwarz T (Erio T) als Hauptindikator und Methylorange, zur Verdeutlichung des Umschlagpunktes, zusammen (wird hier nicht näher erläutert, da es für die chemischen Vorgänge nicht relevant ist). Direkt nach der Zugabe der Tablette, dissoziiert Erio T und bildet mit einem Teil der Erdalkali-Ionen weinrote Komplexe (vgl. Abb. 3.1), wobei auf ein mol Metallion zwei mol Erio T kommen:

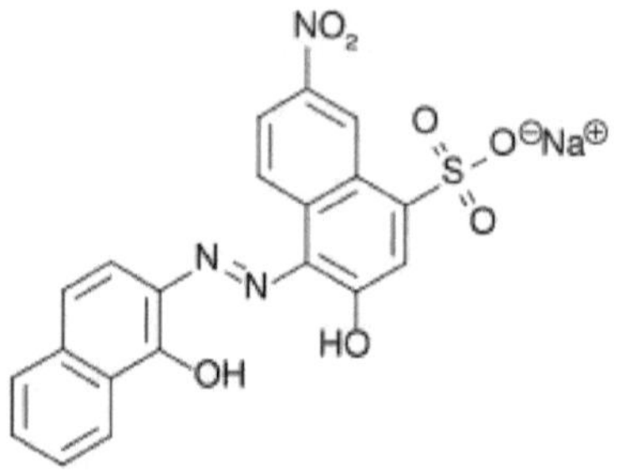

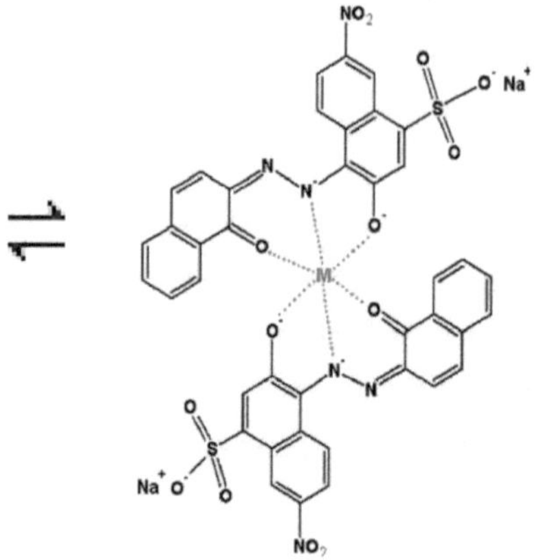

Abb. 4: Eriochromschwarz T neutral

Quelle: Wikipedia, 2010

Abb. 5: Eriochromschwarz T im Komplex, weinrot

Quelle: Sommer, 2010

2. Phase: Zugabe der Maßlösung

Im zweiten Schritt (die eigentliche Versuchsdurchführung) wird die Maßlösung tropfenweise hin zu gegeben. Bei dieser Versuchsvariante wird Ethylendiamin-tetraessigsäure (EDTA) verwendet, welches in der Titriplex-Lösung B als Dinat-riumsalz enthalten ist, aufgrund der besseren Wasserlöslichkeit in der Verbin-dung. In der Probelösung werden die beiden Natriumatome aus dem Komplex gelöst und das EDTA bildet mit den noch freien Erdalkali-Ionen sehr stabile Komplexe. Im Allgemeinen werden Komplexbildner dieser Art als Liganden (lat. ligare: binden) bezeichnet. Bei EDTA spricht man von einem 6-zähnigen Ligand, weil er über sechs dative Bindungen (dative Bindung bedeutet, dass beide Elektronen des bindenden Elektronenpaars von dem Ligand gestellt werden und keines von dem gebundenem Zentral-Ion) ein Kation in seinem Zentrum fixiert. In diesem speziellen Fall werden die gebildeten Komplexe Chelatkomplexe (gr. *chēlē* = Klaue, Schere) genannt, „weil das Molekül das Schwermetall wie eine

Schere oder Zange in die Klemme nimmt."[14] EDTA bildet diese Bindungen über zwei Stickstoffatome und vier Sauerstoffatome von dissoziierten Säuregruppen aus. Eine einfache Gleichung bei der ein Kation (M^{2+}) mit dem EDTA-Anion ($(H_2(EDTA)^{2-})$ formuliert dies (EDTA kann bereits vollständig dissoziiert sein, wenn es das Kation bindet, vgl. Abb. 6 und 7):

$$M^{2+} \;+\; (H_2(EDTA)^{2-} \;\rightarrow\; [M(EDTA)]^{2-} \;+\; 2H^+$$

Anhand dieser Gleichung kann zugleich sowohl der Einsatz der Puffertabletten, als auch die Zugabe der konz. Ammoniaklösung erklärt werden:

Die gesamte Reaktion verläuft im alkalischen, weil die das EDTA in dem Chelatkomplex als Tetraanion ($EDTA^{4-}$) vorliegen muss. Somit müssen die vier Carboxylatgruppen des EDTA deprotoniert sein, damit der $[M(EDTA)]^{2-}$ Komplex entsteht (Deprotonierung kann auch erst nach der Bindung des Metalls erfolgen, vgl. Gleichung). Bei der Dissoziation des EDTA werden pro Molekül zwei Protonen (H^+) frei, die mit dem Metall um die freie Bindungsstelle des EDTA konkurrieren und die Lösung ansäuern. Folglich müssen die H^+ abgefangen werden, damit die Lösung alkalisch bleibt und keine EDTA-H^+ Komplexe gebildet werden. Dies wird über die zugegeben Puffertabletten erreicht. Als Puffer wird oft NH_4Cl verwendet.[15] Das Gleichgewicht dieses Puffersystems liegt ca. bei pH 10, was optimale Bedingungen für den Reaktionsverlauf darstellt. Der Puffer arbeitet über ein Ammonium/Ammoniak Gleichgewicht. Der amphotere Charakter erlaubt es dem NH_3 sowohl OH^- Ionen, als auch H^+ Ionen zu neutralisieren. Auf diese weise bleibt der pH-Wert konstant und die Komplexbildung wird nicht behindert. Wenn alle Erdalkali-Ionen in einem Komplex gebunden sind konkurrieren der Indikator und das EDTA um die Kationen. Dabei bildet EDTA stabilere Verbindungen und erwirkt einen Ligandenaustausch, d.h. die Erio T-M^{2+}-Komplexe werden geöffnet und beide Teile liegen gelöst vor. Das Metall wird anschließend von dem EDTA gebunden:

---

[14] Arno Thaller, Jahr unbekannt
[15] vgl. Uni Saarland, 2005

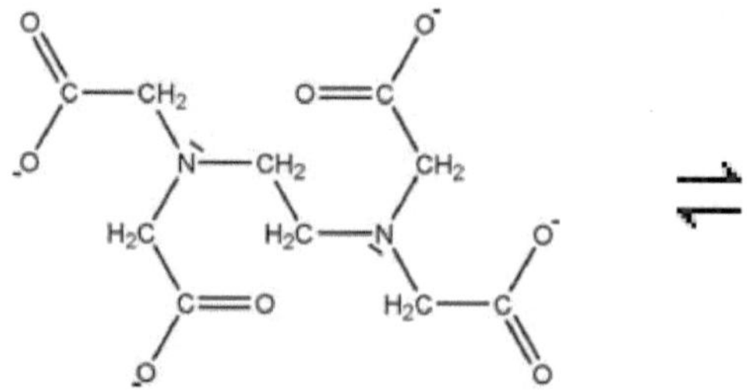

Abb. 6: EDTA^{4-}, in diesem Fall sind bereits alle Säuregruppen dissoziiert

Quelle: Universität Stuttgart, 2008

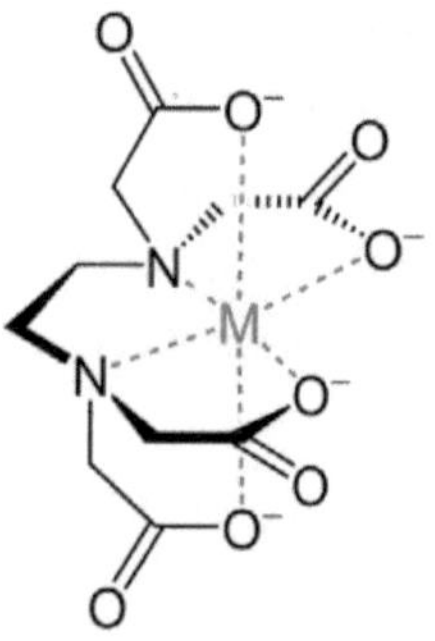

Abb. 7: Metal-EDTA

Komplex

Quelle: Wikipedia 2010

3. Erreichen des Äquivalenzpunktes (ÄP)

Die Titration ist beendet wenn der ÄP erreicht ist. An dieser Stelle schlägt die Farbe von Rot auf Grün um, denn dann sind alle Metallionen in einem farblosen Komplex mit EDTA gebunden. Das Erio T liegt zuletzt als freies Dianion, basierende auf dem pH-Wert, vor. In diesem Zustand hat es eine blaue Farbe. Dies kann auch in einer allgemeinen Gleichung ausgedrückt werden:

$$[M(\text{Erio T})] + \text{EDTA}^{4-} \rightleftharpoons [M(\text{EDTA})]^{2-} + (\text{Erio T})^{2-} \text{ [16]}$$

Da der Farbumschlag nicht sehr eindeutig ist, unterstützt das anfänglich erwähnte Methylorange (gelb) das Erio T und die Lösung wird letztendlich grün (blau + gelb).[17] Die Besonderheit des EDTA besteht darin, dass es unter den hier verwendeten Versuchsbedingung 1:1 Komplexe mit den Erdalkali-Ionen bildet. Dies bedeutet der abzulesende Wert der verbrauchten Maßlösung entspricht genau der Konzentration der im Wasser enthaltenen Ionen.

Dabei gilt: 1ml EDTA = 1° dH

---

[16] vgl. Uni Stuttgart: Komplexometrische Titration mit EDTA, 2008
[17] vgl. Chemikalienlexikon: Methylorange, 2008

2.4 Auswertung der Ergebnisse

Unter Punkt 2.2 wurden vier verschiedene Leitungswasserproben aus 4 verschiedenen Teilen Deutschlands bezüglich ihrer Gesamthärte untersucht. Wie bereits erwähnt ist der Wert des deutschen Härtegrades gleich der verwendeten Menge EDTA (in ml) und wird in der Tabelle nicht extra aufgeführt. Für jede Probe wurden zwei Titrationen durchgeführt um einen Mittelwert zu finden und eine höhere Messgenauigkeit zu gewährleisten:

Herkunft der Wasserprobe	Verwendete Menge EDTA in ml	Mittelwert der Proben in ml	Härtebereich
Moorrege (1)	12,1	11,7	Mittel
Moorrege (2)	11,2		
Geiersthal (1)	6,8	6,9	Weich
Geiersthal (2)	7,0		
Herten (1)	12	12,3	Mittel
Herten (2)	12,5		
Feuchtwangen (1)	17,9	18,2	Hart
Feuchtwangen (2)	18,4		

Abb. 8: Tabelle der Ergebnisse der Titration

Quelle: eigene Aufnahme

3 Vergleich der Härtegrade mit den lokalen Bodenbeschaffenheiten

Im letzten Abschnitt dieser Arbeit werden die einzelnen Wasserproben und die dazu ermittelte Härte in Bezug zu den geomorphologischen Entwicklungen der jeweiligen Region gesetzt. Dabei ist zu beachten, dass stets nur größere Gebiete betrachtet werden können und keine exakte Zuordnung der Wasserprobe auf die Bodenverhältnisse an den genauen geographischen Daten der Quelle, welcher das Wasser entstammt, möglich ist. Zusätzlich können eventuelle Ablagerungen in den Wasserrohren zu verschiedenen Werten führen, auch wenn die Probe aus derselben Quelle stammt, aber an zwei verschiedenen Orten entnommen wird. Deswegen können die ermittelten Härtewerte in den Versuchen nur ungefähr nachskizziert werden und auch bei relativ kleinen Radien variieren.

3.1 Moorrege, Kreis Pinneberg

Moorrege liegt in Norddeutschland nahe der Nordsee. Die dort typischen Marsch und Sandböden, sowie Lössablagerungen sind im Pleistozän, einem sehr jungen Zeitalter (2,5 Mio. Jahre – 10.000 Jahre v. Chr.) entstanden. Dies war das Zeitalter der Eiszeiten. Die Gletscher, die damals große Teile Deutschlands bedeckten, führten sehr viel Sedimente an ihrem Grund mit sich, dass durch die Bewegung und den Druck zerkleinert wurde und nach dem Schmelzen der Gletscher in der nächsten Wärmeperiode, zurückblieb. Dies wird dann häufig als Lössablagerungen sichtbar. In diesem Löss

Abb. 9: Geographische Lage von Moorrege

Quelle: Postleitzahlservice

sind unter Anderem kleine Tiere wie Schnecken und Muscheln enthalten, deren Schale kalkhaltig ist. Ähnlich verhält es sich bei den Marschböden, die durch Meerestransgression (Ausbreitung des Meeres über das Land) und den davon zurückbleibenden marinen Sedimenten entstanden. Sie bestehen aus einem Sand-Muschelgemisch, das wiederum kalkhaltig ist.[18] „Anderseits geht der Löß nach dem Tiefland hin allmählich in ein durch zunehmende Korngröße charakterisiertes lößartiges Gestein, schließlich in Lößsand und reinen Sand über.“[19] Dies bedeutet, dass in dieser Region eine Mischung aus kalkhaltigen Muscheln und etwas kalkhaltigen Sandböden vorhanden ist und darum ein mittlerer Härtegrad (11,7°dH) gemessen wurde.

---

[18] vgl. Uni Oldenburg: Hydrologie, 2010
[19] eLexikon: Mineralogie und Geologie – Gesteine, 2010

3.2 Geiersthal, Kreis Regen

Die Gemeinde Geiersthal liegt in Niederbayern nahe der östlichen Grenze zwischen dem Bayeri-
schen Wald und dem Böhmer Wald. Deren Bildung
des Bodens, vollzog sich bereits im Tertiär (65 Mi-
o. – 24 Mio. Jahre v. Chr.) in Form von Plutonen
(Tiefengestein). Dieses ist tief in der Erdkruste
erstarrtes Magma, das durch sehr hohen Druck
und Hitze verdichtet wird. Es können dabei große
kristalline Formen entstehen die sog. Kristallinen.
Wichtige Vertreter von Tiefengestein in dieser
Region sind Gneis und Granit. Erst nach sehr
vielen Jahren treten sie an die Oberfläche und

Abb. 10: Geographische Lage
von Geiersthal

Quelle: Postleitzahlservice

werden für die hier nötige Betrachtung interessant. Für das Regenwasser ist es
sehr schwierig beim Durchlaufen dieser Schichten Härtebildner zu lösen, denn
es ist nur wenig Kalk im Granit inkludiert (kaum Calcium in so großen Tiefen)
und die hohe Dichte des Gesteins erschwert die Auslösung zusätzlich. Folglich
ist der Härtegrad des Wassers weich (6,9°dH).

3.3 Herten, Kreis Recklinghausen

Die dritte Wasserprobe stammt aus Herten, einer
Stadt im nördlichen Ruhrgebiet, welches für seine
riesigen Kohlevorkommen bekannt ist. Diese sind im
Devon (400 Mio. – 300 Mio. Jahre v. Chr.) entstanden und zählen damit zu den ältesten, bei dieser
Untersuchung betrachteten Regionen. Diese spielen
jedoch nur eine geringfügigere Rolle, denn sie enthalten zwar einige Calcium –und Magnesium-Ionen,
weil Kohle aus den verwesten Überresten von Tieren
und Pflanzen besteht, die unter hohem Druck im Lau-

Abb. 11: Geographische
Lage von Herten

Quelle: Postleitzahlservice

fe von Jahrmillionen anaerob verdichtet wurden. Der hier wichtigere Aspekt ist jedoch „Die nördlich angrenzenden Kreideschichten, Sande und Mergel"[20], die erst danach entstanden. Die Kreideschichten (Kreide: weichere Form von Kalk) sind Relikte von Flachmeeren in diesem Gebiet. Sie bestehen aus einem Groß-teil Calciumcarbonat, also ein reiner Härtebildner. Zusätzlich ist Mergel ein Thon-Kalk Gemisch. Dennoch ist der Härtegrad in dieser Region „nur" im mittle-ren Bereich (12,3°dH). Dies liegt an dem Umstand, dass es immer nur einzelne Schichten Kreide und Mergel vorzufinden sind, verteilt über die gesamte Regi-on.

3.4 Feuchtwangen, Kreis Ansbach

Die letzte Probe wurde dem Leitungswasser des Gymnasiums der Stadt Feuchtwangen in Mittelfran-ken entnommen. Die relevanten geomorphologi-schen Prozesse, die zur Bildung der heutigen Ober-flächenstruktur geführt haben begannen im Jura (200Mio.- 150 Mio. Jahre vor Chr.). Zu dieser Zeit war dieses Gebiet von einem seichten Meer bedeckt und es kam zur Ablagerung von Sedimenten. An-fangs Sandsteine, über Tone bis hin zu bereits kalk-haltigen Mergeln. In diesem Schelfmeer[21] wirkte „Ein tropisch-warmes Klima [begünstigend] [auf] die Kalkfällung."[22] Durch die Ansammlung von Al-

Abb. 12: Geographische Lage von Feuchtwangen

Quelle: Postleitzahlservice

gen und Mikroben wurde die Kalkablagerung weiter katalysiert. Dadurch ent-standen Kalk-Mergel-Schichten, die bis heute bestand haben. Das Regenwasser kann in diesem Fall sehr leicht, sehr viele Erdalkali-Ionen herauslösen und diese in das Grundwasser schwemmen, was den so hohen Wert (18,2°dH) im harten Bereich erklärt. Dieser Wert wird von einem Gutachten einer Wasserprobe (ent-

---

[20] Regionalkunde Ruhrgebiet: Die Geologie und Oberflächengestalt des Ruhrgebiets, 2009
[21] Schelf: flacher, küstennaher Meeresabschnitt
[22] Bayerisches Landesamt für Umwelt: Hesselberg, 2010

nommen aus einem Privathaushalt in ca. 8 km Entfernung), die von der Salus GmbH analysiert wurde, gestützt. Dabei wurde eine Gesamthärte von 15,9°dH[23] ermittelt und entspricht tendenziell dem Ergebnis des hier durchgeführten Versuchs (vgl. 3).

4 Zusammenfassung

Abschließend lassen sich drei Punkte festhalten. Zum einen steckt in der der simplen Verbindung H_2O wesentlich mehr als auf den ersten Gedanken vermutet wird. Es sind sehr viele frei Ionen (z.B. Erdalkali-Ionen) enthalten, die die lebenden Organismen auch teilweise zum leben benötigen. Des Weiteren kann gesagt werden, dass die Bestimmung der Gesamtwasserhärte einer Probe sich in wenigen, einfachen Schritten durchgeführt lässt und zudem relativ präzise ist. Zuletzt ist zu sagen, dass Ursachen der verschiedenen Härtegrade in verschiedenen Teilen Deutschlands bereits hunderte Millionen zurück liegt. Allerdings sind die momentanen Zonen nicht statisch, denn wenn Erdalkali-Ionen ausgeschwemmt werden, sind in der Zukunft weniger vorhanden und das Wasser wird dort weicher. Im Gegenzug kommt es in anderen Zonen zu eventuellen neuen Ablagerung und durch Tektonik, werden neue Erdalkali-Ionen haltige Sedimentschichten gebildet oder an die Oberfläche gehoben. Dadurch wird dort der Härtegrad des Wassers dort wiederum erhöht. Dies sind aber Prozesse, die erneut viele Millionen Jahre beanspruchen. Deswegen sind derartige Analysen nur Momentaufnahmen.

---

[23] Brückner: Prüfbericht, 2007

5 Anhang

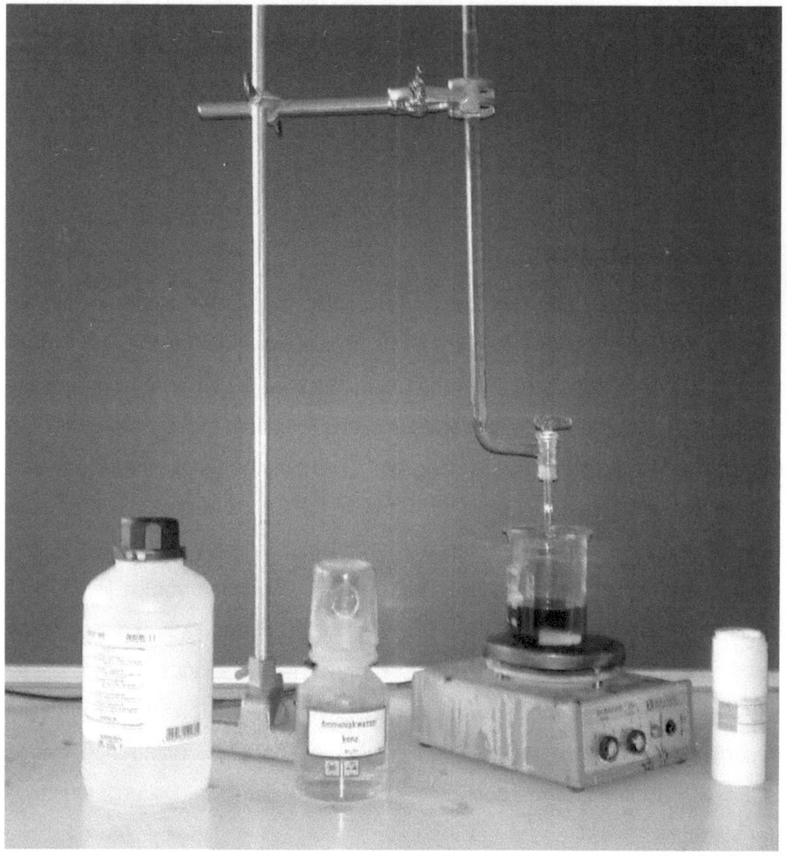

Abb. 3.1: Versuchsapparatur mit verwendeten Chemikalien zu Beginn der Titration (Probelösung rot)

Quelle: eigene Darstellung

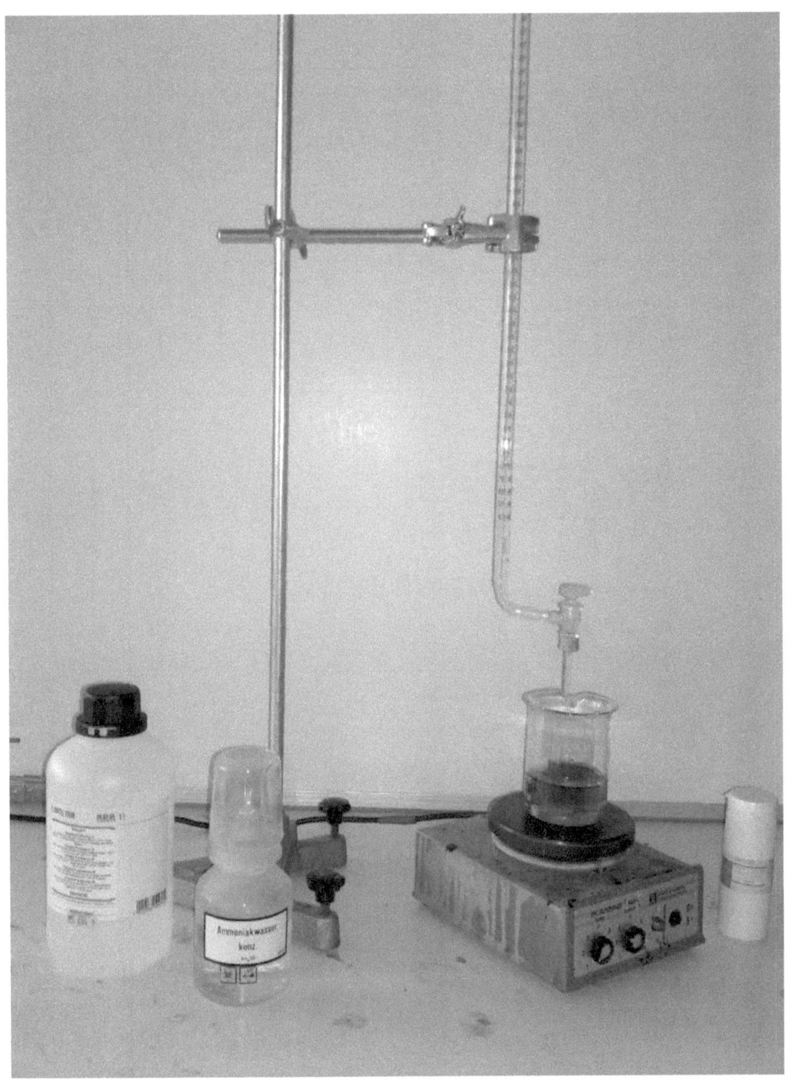

Abb. 3.2: Versuchapparatur mit verwendeten Chemikalien am Ende der Tritration (Probelösung grün)

Quelle: eigene Darstellung

SALUS Haus GmbH & Co. KG

Prüfbericht

Auftraggeber:	Klaus u. Petra L

Kennzeichnung:	*Frischwasser*
Analysen-Nr.:	071038
Ihr Auftrag vom:	15.06.2007
Datum der Probenahme:	13.06.2007
Bearbeiter:	P. Brückner
Untersuchungsmethode:	ICP-Massenspektrometrie, FIMS-AAS für Hg, Photometrie f. Nitra

Ergebnis

Parameter			07 1038	Grenzwert nach TVO	Einheit
Bor	11		39	1000	µg/L
Natrium	23		9,7	200	mg/L
Magnesium	26		23,4	(50)[1]	mg/L
Aluminium	27		3,4	200	µg/L
Kalium	39		3,2	(12)[1]	mg/L
Calcium	43		74,6	(400)[1]	mg/L
Chrom	53		0,5	50	µg/L
Mangan	55		0,51	50	µg/L
Eisen	57		46	200	µg/L
Nickel	60		0,4	20	µg/L
Kupfer	63		44,3	2000	µg/L
Zink	66		32	(5000 nach 12h)[1]	µg/L
Arsen	75		2,2	10	µg/L
Selen	82		<2	10	µg/L
Silber	107		0,02	(10)[1]	µg/L
Cadmium	114		0,01	5	µg/L
Antimon	121		0,05	5	µg/L
Barium	138		166,6	(1000)[1]	µg/L
Blei	208		1,79	25 [2]	µg/L
Quecksilber			<0,1	1	µg/L
elektr. Leitfähigkeit			516	2500	µS/cm (bei 20°C)
pH-Wert			7,54	6.5-9.5	
Nitrat			18	50	mg/L
Gesamthärte			15,9	x	°dH

Härtebereich:		°dH
1 weich		<7.0
2 mittelhart		7.0-14
3 hart		14-21
4 sehr hart		>21

[1]: die seit 01.01.2003 gültige Trinkwasserverordnung sieht für dieses Element keinen Grenzwert vor.
Es kann daher von diesem Meßwert keine rechtliche Verpflichtung abgeleitet werden
Die Bewertung erfolgt nach der TVO alt (gültig bis 31.12.2002) lediglich zu Ihrer Information.
[2]: ab 01.12.2003 gilt ein Grenzwert von 25 µg/l Pb; ab dem 01.12.2013 gilt der Grenzwert von 10 µg/l.

Bruckmühl, den 22.06.2007

Hinweis: Die Prüfergebnisse beziehen sich ausschließlich auf die Prüfgegenstände.
Hinweis: Ohne schriftliche Genehmigung von Salus darf der Prüfbericht nicht vervielfältigt werden (auch nicht auszugsweise).

Abb. 13: Gutachten über die Analyse einer Wasserprobe, durchgeführt von Herr Brückner, Abteilung Analytischer Service der Salus GmbH

Quelle: Prüfbericht der Salus GmbH

6 Literaturverzeichnis

1. Alpen-Adria Universität Klagenfurt: Böhmerwald, Internetseite: http://eeo.uni-klu.ac.at/index.php/B%C3%B6hmerwald, letzte Änderung am 22.03.2003, aufgerufen am 15.12.2010

2. Bayerisches Landesamt für Umwelt: Hesselberg, Internetseite: http://www.lfu.bayern.de/geologie/fachinformationen/geotope_schoensten/mittelfranken/28/index.htm, letzte Änderung 2010, aufgerufen am 15.12.2010

3. Brückner, P: Prüfbericht über die Analyse einer Wasserprobe, Abteilung Analytischer Service, Bruckmühl, 22.06.2007

4. Bundesanstalt für Geowissenschaften und Rohstoffe: Geowissenschaftliche Grundlagen, Deutschland, Internetseite: http://www.bgr.bund.de/nn_326696/DE/Themen/GG__geol__Info/Bilder/Deutschland/geologie__deutschland__g.html, letzte Änderung am 25.04.2007, aufgerufen am 14.12.2008

5. Douglas, Ian: Field methods of Water Hardness Determination, London: British Geomorphological Research Group, 1968

6. DVGW e.V.: Neue Härtebereiche für Trinkwasser, Internetseite: www.dvgw.de/wasser/informationen-fuer-verbraucher/wasserhaerte/, erstellt 06.05.2007, aufgerufen am 09.09.2010

7. Eisenstaedt, Berthold: Inaugural-Dissertation: Titrimetrische Bestimmung der Wasserhärte, München: Buchdruckerei von M. Ernst, 1889, S. 5-9

8. Gebhardt, Jürgen: Chemisches Praktikum: Energietechnik, Internetseite: http://www.imn.htwk-leipzig.de/~pfestorf/praktikum/prak4ME071003.pdf, letzte Änderung am 25.11.2003, aufgerufen am 14.12.2010

9. Prof. Dr. Hümmer, Phillip und viele Weitere: Unsere Welt, Mensch und Raum – Atlas für Bayern, Ausgabe 2001, Berlin: Cornelsen, 2001, S. 46

10. Landesbetrieb Landwirtschaft Hessen: Maße, Gewichte, Inhalte – Vergleiche (auch Exoten), Internetseite: http://www.llh-hessen.de/landwirtschaft/bw_vtec/vtec/text281.htm, erstellt am 15.02.2006, aufgerufen am 09.09.2010

11. o.V.: eLexikon, Mineralogie und Geologie – Gesteine, Löß Internetseite: http://www.peter-hug.ch/lexikon/loess/w1, letzte Änderung am 27.06.2010, aufgerufen am 14.12.2010

12. o.V.: Eriochromschwarz T, Internetseite:
http://de.wikipedia.org/wiki/Eriochromschwarz_T, letzte Änderung am
03.11.2010, aufgerufen am 20.12.2010

13. o.V.: Ethylendiamintetraessigsäure, Internetseite:
http://de.wikipedia.org/wiki/Ethylendiamintetraessigs%C3%A4ure, letzte
Änderung am 02.11.2010, aufgerufen am 15.12.2010

14. o.V.: Komplexchemie, Internetseite:
http://de.wikipedia.org/wiki/Komplexchemie, letzte Änderung 21.10.2010,
aufgerufen am 07.12.2010

15. o.V.: Nitrifikation, Internetseite:
http://de.wikipedia.org/wiki/Nitrifikation, letzte Änderung 29.06.2010,
aufgerufen am 08.09.2010

16. o.V.: Plutonite, Internetseite:
http://www.mineralienatlas.de/lexikon/index.php/Plutonite, letzte Änderung am 07.07.2007, aufgerufen am 15.12.2010

17. o.V.: Postleitzahlen Service, Internetseite: http://www.plz-postleitzahl.de/,
letzte Änderung am [unbekannt], aufgerufen am 14.12.2010

18. o.V.: Praktikum: Komplexometrische Bestimmung der Gesamthärte des
Wassers, Ort unbekannt: Verlag unbekannt, Erscheinungsjahr unbekannt

19. o.V.: Quality Datenbank Klaus Gebhardt e.K.: Umwelt-Lexikon, Internetseite: http://www.umweltdatenbank.de/lexikon/wasser.htm, letzte Änderung 21.05.2004, aufgerufen am 08.09.2010

20. o.V.: Regionalkunde Ruhrgebiet: Die Geologie und Oberflächengestalt des
Ruhrgebiets, Internetseite: http://www.ruhrgebiet-
regionalkun-
de.de/grundlagen_und_anfaenge/lage_grenzen_verwaltungsgliederung/ge
ologie.php?p=0,1, letzte Änderung 2009, aufgerufen am 15.12.2010

21. o.V.: Wasserhärte, Internetseite:
http://de.wikipedia.org/wiki/Wasserh%C3%A4rte#cite_note-0, letzte Änderung 06.09.2010, aufgerufen am 09.09.2010

22. Omikron GmbH: Methylorange, Internetseite:
http://www.chemikalienlexikon.de/cheminfo/0382-lex.htm, letzte Änderung 25.05.2001, aufgerufen am 14.12.2010

23. Sommer, Tanja: Wasserhärte – Begriffserklärung, Entstehung und Bestimmung,
Internetseite: http://daten.didaktikchemie.uni-bayreuth.de/umat/wasserhaerte2/wasserhaerte.htm, letzte Änderung am 20.09.2010, aufgerufen am 20.12.2010

24. Thaller, Arno: Worterklärung: Chelat, Internetseite: http://www.praxis-thaller.de/allgemeines/index.php?rubric=Thaller_Allgemeines_Worterklaerungen, letzte Änderung unbekannt, aufgerufen am 13.12.2010

25. Universität Oldenburg: Hydrologie, Internetseite: http://www.hydrologie.uni-oldenburg.de/ein-bit/11681.html, letzte Änderung am 27.09.2010, aufgerufen am 14.12.2010

26. Universität Saarland: Komplexometrie, Internetseite: http://archiv.uni-saarland.de/mediadb/Fakultaeten/fak8/fr82/jacob/studium/Komplexometrie.pdf, letzte Änderung 16.05.2005, aufgerufen am 14.12.2010

27. Universität Stuttgart: Komplexometrische Titration mit EDTA, Internetseite: http://www.iac.uni-stuttgart.de/Praktika/Quant/Seminar/Seminar%2028_4_2008.pdf, letzte Änderung 30.04.2008, aufgerufen am 13.12.2010

28. Wiegel Martina: Chemismus der Wasserhärte, Internetseite: http://www.uni-kassel.de/fb14/geohydraulik/Lehre/Hydrologie_I/Vortraege_2010/Wiegel.pdf, erstellt im SoSe 2010, aufgerufen am 08.09.2010